INTELLIGENZA ARTIFICIALE COMPORTAMLE MODELLI

Dagli algoritmi alle azioni: esplorare i modelli comportamentali dei sistemi di intelligenza artificiale

Italiano : di Arlo Whitford . Tutti i diritti riservati .

Nessuna parte di questa pubblicazione può essere riprodotta, distribuita o trasmessa in alcuna forma o con alcun mezzo, comprese fotocopie, registrazioni o altri metodi elettronici o meccanici, senza la previa autorizzazione scritta dell'editore, fatta eccezione per brevi citazioni inserite in recensioni critiche e per determinati altri usi non commerciali consentiti dalla legge sul copyright.

SOMMARIO

INTRODUZIONE: L'EMERGERE DI MODELLI COMPORTAMENTALI DELL'INTELLIGENZA ARTIFICIALE 7

PANORAMICA DELL'INTELLIGENZA ARTIFICIALE E DEL SUO RUOLO IN EVOLUZIONE NELLA SOCIETÀ UMANA 7

PERCHÉ È IMPORTANTE COMPRENDERE IL COMPORTAMENTO DELL'INTELLIGENZA ARTIFICIALE 9

L'IMPATTO DEL COMPORTAMENTO DELL'INTELLIGENZA ARTIFICIALE SULLE INDUSTRIE E SULLA VITA QUOTIDIANA 11

PARTE 1: FONDAMENTI DEL COMPORTAMENTO DELL'IA 16

COMPRENDERE I MODELLI COMPORTAMENTALI NELL'INTELLIGENZA ARTIFICIALE 16

DEFINIZIONE DEL COMPORTAMENTO NEL CONTESTO DELL'INTELLIGENZA ARTIFICIALE 16

COME I SISTEMI DI INTELLIGENZA ARTIFICIALE APPRENDONO E IMITANO IL COMPORTAMENTO 19

ALGORITMI E METODOLOGIE CHIAVE ALLA BASE DEI COMPORTAMENTI DELL'INTELLIGENZA ARTIFICIALE 22

LA SCIENZA DEL PROCESSO DECISIONALE DELL'INTELLIGENZA ARTIFICIALE 26

COME I SISTEMI DI INTELLIGENZA ARTIFICIALE ELABORANO LE INFORMAZIONI E PRENDONO DECISIONI 26

APPRENDIMENTO TRAMITE RINFORZO E IL SUO RUOLO NELLA FORMAZIONE DEL COMPORTAMENTO 29

CASI DI STUDIO DEL PROCESSO DECISIONALE DELL'INTELLIGENZA ARTIFICIALE NELLE APPLICAZIONI DEL MONDO REALE 32

IL RUOLO DEI DATI NEL MODELLARE IL COMPORTAMENTO DELL'INTELLIGENZA ARTIFICIALE 35

INTELLIGENZA ARTIFICIALE BASATA SUI DATI: DAI DATI GREZZI AI MODELLI COMPORTAMENTALI 35

BIAS NEI DATI E IL SUO IMPATTO SUL COMPORTAMENTO DELL'INTELLIGENZA ARTIFICIALE 37

GARANTIRE COMPORTAMENTI ETICI E IMPARZIALI NELL'INTELLIGENZA ARTIFICIALE 39

PARTE 2: MODELLI COMPORTAMENTALI DELL'INTELLIGENZA ARTIFICIALE IN AZIONE 42

RICONOSCIMENTO DI PATTERN E INTELLIGENZA ARTIFICIALE: I MATTONI ... 42

COME L'INTELLIGENZA ARTIFICIALE IDENTIFICA I MODELLI IN GRANDI SET DI DATI 42

APPLICAZIONI NEL RICONOSCIMENTO DELLE IMMAGINI, NELL'ELABORAZIONE DEL LINGUAGGIO E ALTRO 44

IL FUTURO DEL RICONOSCIMENTO DEI PATTERN NELL'EVOLUZIONE DELL'INTELLIGENZA ARTIFICIALE 46

AI NELLA MODELLAZIONE DEL COMPORTAMENTO UMANO ... 47

COME L'INTELLIGENZA ARTIFICIALE MODELLA I COMPORTAMENTI UMANI: DALL'IMITAZIONE ALLA PREVISIONE 48

CASI D'USO IN MARKETING, SANITÀ E SICUREZZA 49

CONSIDERAZIONI ETICHE NELLA MODELLAZIONE DEL COMPORTAMENTO GUIDATA DALL'INTELLIGENZA ARTIFICIALE 51

AI SOCIALE: GESTIRE INTERAZIONI E RELAZIONI 53

Il ruolo dell'intelligenza artificiale nelle interazioni sociali e nella comunicazione 53

Assistenti virtuali e l'ascesa dell'intelligenza artificiale socialmente intelligente 54

Sfide e opportunità nella creazione di un'intelligenza artificiale socialmente consapevole 55

INTELLIGENZA ARTIFICIALE ED ECONOMIA COMPORTAMENTALE 57

L'intersezione tra intelligenza artificiale e comportamento economico 57

Prevedere il comportamento dei consumatori con l'intelligenza artificiale 58

Come l'intelligenza artificiale sta trasformando i mercati finanziari e le tendenze dei consumatori 59

PARTE 3: CONCETTI AVANZATI E DIREZIONI FUTURE 61

Adattamento comportamentale: l'intelligenza artificiale impara dall'ambiente 61

Come i sistemi di intelligenza artificiale si evolvono e si adattano nel tempo 61

Il ruolo dell'apprendimento continuo nel modellare il comportamento dell'intelligenza artificiale 63

Casi di studio di intelligenza artificiale adattiva in ambienti dinamici 64

AI NEI SISTEMI AUTONOMI: COMPORTAMENTO IN MOVIMENTO 66

Modelli comportamentali nei veicoli autonomi, nei droni e nella robotica 66

Decisioni e risoluzione dei problemi in tempo reale 67

Il futuro dell'autonomia e del comportamento dell'intelligenza artificiale in ambienti complessi 68

ETICA DEI MODELLI COMPORTAMENTALI DELL'INTELLIGENZA ARTIFICIALE 70

Le implicazioni morali dei comportamenti guidati dall'intelligenza artificiale 70

Responsabilità dell'IA: chi è responsabile delle azioni dell'IA? ..71

Garantire trasparenza e fiducia nei sistemi di intelligenza artificiale 72

L'INTELLIGENZA ARTIFICIALE E IL FUTURO DELL'INTERAZIONE UOMO-INTELLIGENZA ARTIFICIALE 73

Previsioni per la prossima ondata di comportamenti dell'intelligenza artificiale 73

L'evoluzione della relazione tra esseri umani e intelligenza artificiale 74

Preparare la società al ruolo crescente dell'intelligenza artificiale nella vita quotidiana 75

CONCLUSIONE 76

INTRODUZIONE: L'EMERGERE DI MODELLI COMPORTAMENTALI DELL'INTELLIGENZA ARTIFICIALE

Panoramica dell'intelligenza artificiale e del suo ruolo in evoluzione nella società umana

L'intelligenza artificiale (IA) è passata dall'essere un'area di nicchia dell'informatica a una forza dominante che sta rimodellando settori, economie e vita quotidiana. Inizialmente focalizzati sulla risoluzione di compiti specifici, i sistemi di IA ora mostrano comportamenti che assomigliano molto al processo decisionale umano, alla risoluzione dei problemi e persino alle interazioni sociali. Questa evoluzione segna un passaggio significativo dai tradizionali sistemi basati su regole all'IA che può apprendere, adattarsi e sviluppare modelli di comportamento.

Il viaggio dell'IA è iniziato con una semplice automazione, in cui le macchine venivano programmate per eseguire attività ripetitive. Nel tempo, i progressi nell'apprendimento automatico, nell'apprendimento profondo e nelle reti neurali hanno consentito all'IA di andare oltre le istruzioni statiche. Oggi, l'IA può analizzare grandi quantità di dati, riconoscere schemi e prendere decisioni basate su esperienze passate. Questa capacità ha trasformato l'IA da uno strumento che esegue attività predefinite a un sistema intelligente che può operare in modo autonomo e imparare dal suo ambiente. Il ruolo in evoluzione dell'IA nella società è evidente in vari settori. Nell'assistenza sanitaria, l'IA sta rivoluzionando la diagnostica, la medicina personalizzata e la scoperta di farmaci. Nella finanza, gli algoritmi basati sull'IA prevedono le tendenze di mercato, rilevano le frodi e ottimizzano le strategie di investimento. Nell'istruzione, le piattaforme basate sull'IA personalizzano le esperienze di apprendimento e forniscono feedback in tempo reale. Questi esempi illustrano come l'IA non sia solo un progresso tecnologico, ma una forza che sta ridefinendo i settori e influenzando la nostra vita quotidiana.

Tuttavia, man mano che i sistemi di intelligenza artificiale diventano più sofisticati, comprendere il loro comportamento diventa cruciale. A differenza dei software tradizionali, in cui l'output è prevedibile in base all'input, i sistemi di intelligenza artificiale possono mostrare comportamenti complessi che non sono sempre facili da spiegare o prevedere. Questa imprevedibilità solleva interrogativi su fiducia, trasparenza e responsabilità nei sistemi basati sull'intelligenza artificiale. Pertanto, comprendere i modelli comportamentali dell'intelligenza artificiale è essenziale per garantire che questi sistemi operino in modo sicuro, etico e in linea con i valori umani.

Perché è importante comprendere il comportamento dell'intelligenza artificiale

Il comportamento dei sistemi di intelligenza artificiale è modellato dagli algoritmi che li alimentano e dai dati su cui vengono addestrati. Man mano che i sistemi di intelligenza artificiale diventano più integrati nella società, il loro comportamento può avere conseguenze significative. Ad esempio, gli algoritmi di intelligenza artificiale utilizzati nei processi di assunzione possono inavvertitamente perpetuare pregiudizi se vengono addestrati su dati distorti. Allo stesso modo, i sistemi di raccomandazione basati sull'intelligenza artificiale possono influenzare il comportamento dei consumatori promuovendo determinati prodotti o contenuti rispetto ad altri.

Comprendere il comportamento dell'intelligenza artificiale è fondamentale per diversi motivi:

1. Fiducia e trasparenza: affinché i sistemi di intelligenza artificiale siano ampiamente adottati, gli utenti devono avere fiducia che questi sistemi si comporteranno come previsto. Tuttavia, i sistemi di intelligenza artificiale spesso operano come "scatole nere", in cui il processo decisionale non è trasparente. Comprendendo il comportamento

dell'intelligenza artificiale, possiamo garantire che questi sistemi siano più trasparenti e che gli utenti possano fidarsi dei loro output.

2. Implicazioni etiche: i sistemi di intelligenza artificiale hanno il potenziale per avere un impatto profondo sulla vita umana. Dai veicoli autonomi alla diagnostica sanitaria, le decisioni dell'intelligenza artificiale possono avere conseguenze che cambiano la vita. È fondamentale comprendere il comportamento dell'intelligenza artificiale per garantire che questi sistemi funzionino in modo etico e non danneggino gli individui o la società.

3. Regolamentazione e responsabilità: man mano che i sistemi di intelligenza artificiale diventano più diffusi, cresce l'esigenza di quadri normativi che ne governino il comportamento. Comprendere il comportamento dei sistemi di intelligenza artificiale aiuterà i decisori politici a creare normative che garantiscano la responsabilità e proteggano il pubblico da potenziali danni.

4. Mitigazione di pregiudizi e discriminazioni: i sistemi di intelligenza artificiale sono validi solo quanto i dati su cui sono addestrati. Se i dati contengono pregiudizi, è probabile che il sistema di intelligenza artificiale mostri un comportamento distorto. Comprendendo il comportamento dell'intelligenza artificiale, possiamo identificare e mitigare i

pregiudizi in questi sistemi, assicurandoci che operino in modo equo e non perpetuino discriminazioni.

5. Miglioramento delle prestazioni e dell'efficienza: comprendere il comportamento dell'IA può anche portare a miglioramenti nelle prestazioni e nell'efficienza. Analizzando il comportamento dei sistemi di IA in diversi scenari, possiamo ottimizzare i loro algoritmi, ridurre gli errori e migliorare la loro efficacia complessiva.

L'impatto del comportamento dell'intelligenza artificiale sulle industrie e sulla vita quotidiana

L'impatto del comportamento dell'IA si sta già facendo sentire in vari settori e nella nostra vita quotidiana. La capacità dei sistemi di IA di apprendere dai dati, adattarsi a nuove informazioni e prendere decisioni in modo autonomo ha implicazioni di vasta portata.

1. Sanità: l'intelligenza artificiale sta trasformando l'assistenza sanitaria consentendo diagnosi più rapide e accurate, piani di trattamento personalizzati e risultati migliori per i pazienti. Ad esempio, i sistemi basati sull'intelligenza artificiale possono analizzare le immagini mediche per rilevare malattie come il cancro in una fase iniziale, spesso con maggiore accuratezza rispetto ai medici umani. Inoltre, l'intelligenza artificiale viene utilizzata per prevedere i risultati per i pazienti, raccomandare

opzioni di trattamento e persino assistere negli interventi chirurgici. Tuttavia, il comportamento dell'intelligenza artificiale nell'assistenza sanitaria deve essere attentamente monitorato per garantire che non introduca errori o pregiudizi che potrebbero danneggiare i pazienti.

2. Finanza: nel settore finanziario, l'IA viene utilizzata per analizzare i dati di mercato, prevedere le tendenze e ottimizzare le strategie di trading. Gli algoritmi di IA possono elaborare grandi quantità di dati finanziari in tempo reale, consentendo loro di prendere decisioni in una frazione di secondo che possono generare profitti significativi. Tuttavia, il comportamento dell'IA nella finanza comporta anche dei rischi. Ad esempio, il trading guidato dall'IA possono contribuire alla volatilità del mercato e, se non adeguatamente regolamentati, potrebbero portare a crisi finanziarie.

3. Vendita al dettaglio: l'intelligenza artificiale sta rimodellando il settore della vendita al dettaglio migliorando le esperienze dei clienti, ottimizzando le catene di fornitura e personalizzando gli sforzi di marketing. I sistemi di raccomandazione basati sull'intelligenza artificiale analizzano il comportamento dei clienti per suggerire prodotti che potrebbero interessare, aumentando le vendite e la soddisfazione dei clienti. Tuttavia, il comportamento di questi sistemi solleva anche preoccupazioni sulla privacy e sul potenziale di manipolazione. Comprendere il comportamento

dell'intelligenza artificiale nella vendita al dettaglio è fondamentale per garantire che questi sistemi rispettino i diritti dei consumatori e operino in modo equo.

4. Trasporti: i veicoli autonomi sono uno degli esempi più visibili di IA in azione. Questi veicoli si affidano all'IA per percorrere le strade, evitare gli ostacoli e prendere decisioni in tempo reale per garantire la sicurezza dei passeggeri. Tuttavia, il comportamento dell'IA nei veicoli autonomi è complesso e deve essere testato a fondo per garantire che questi sistemi possano gestire un'ampia gamma di scenari. Il potenziale di incidenti o malfunzionamenti sottolinea l'importanza di comprendere e regolamentare il comportamento dell'IA nei trasporti.

5. Istruzione: l'intelligenza artificiale sta rivoluzionando l'istruzione offrendo esperienze di apprendimento personalizzate, automatizzando le attività amministrative e consentendo l'apprendimento a distanza. Le piattaforme basate sull'intelligenza artificiale possono adattarsi agli stili di apprendimento individuali, fornendo contenuti personalizzati e feedback in tempo reale. Tuttavia, il comportamento dell'IA nell'istruzione solleva anche preoccupazioni sulla privacy dei dati, sul potenziale di pregiudizio nei contenuti educativi e sulla disumanizzazione delle esperienze di apprendimento. Comprendere il comportamento dell'IA nell'istruzione è

essenziale per garantire che questi sistemi migliorino, anziché sminuire, l'esperienza di apprendimento.

6. Intrattenimento: l'intelligenza artificiale è sempre più utilizzata nel settore dell'intrattenimento per creare contenuti, consigliare media e persino generare musica e arte. I sistemi di raccomandazione basati sull'intelligenza artificiale su piattaforme come Netflix e Spotify analizzano il comportamento degli utenti per suggerire contenuti in linea con le loro preferenze. Mentre questo migliora l'esperienza utente, solleva anche domande sull'impatto dell'intelligenza artificiale sulla creatività e sulla diversità culturale. Comprendere il comportamento dell'intelligenza artificiale nell'intrattenimento è fondamentale per garantire che questi sistemi promuovano una vasta gamma di contenuti e non soffochino la creatività.

7. Sicurezza e sorveglianza: l'intelligenza artificiale viene utilizzata nella sicurezza e nella sorveglianza per rilevare minacce, analizzare modelli e prevedere comportamenti criminali. I sistemi basati sull'intelligenza artificiale possono analizzare filmati video, riconoscere volti e identificare attività sospette in tempo reale. Tuttavia, il comportamento dell'intelligenza artificiale nella sicurezza e nella sorveglianza solleva notevoli preoccupazioni etiche, tra cui violazioni della privacy e il potenziale di abuso. Comprensione

In questo contesto, il comportamento dell'intelligenza artificiale è essenziale per bilanciare le esigenze di sicurezza con i diritti individuali.

8. Risorse umane: l'intelligenza artificiale viene sempre più utilizzata nei processi di assunzione per esaminare i curriculum, valutare i candidati e persino condurre colloqui. I sistemi basati sull'intelligenza artificiale possono analizzare grandi quantità di dati sui candidati per identificare la persona più adatta per un ruolo. Tuttavia, il comportamento dell'intelligenza artificiale nelle risorse umane può anche perpetuare pregiudizi se non attentamente monitorato. Comprendere il comportamento dell'intelligenza artificiale in questo campo è fondamentale per garantire che i processi di assunzione siano equi e inclusivi.

L'emergere di modelli comportamentali di IA segna una nuova era nell'evoluzione dell'intelligenza artificiale. Man mano che i sistemi di IA diventano più sofisticati, comprendere il loro comportamento non è più una questione tecnica, ma un imperativo sociale. L'impatto del comportamento dell'IA sulle industrie e sulla vita quotidiana è profondo e la sua influenza non potrà che crescere man mano che l'IA continua ad avanzare.

PARTE 1: FONDAMENTI DEL COMPORTAMENTO DELL'IA

Comprendere i modelli comportamentali nell'intelligenza artificiale

L'intelligenza artificiale (IA) rappresenta un cambiamento di paradigma nel modo in cui interagiamo con la tecnologia, consentendo alle macchine non solo di eseguire attività predefinite, ma anche di esibire comportamenti che possono assomigliare molto alle azioni umane e ai processi decisionali. Per apprezzare appieno le capacità e i limiti dell'IA, è fondamentale comprendere i concetti fondamentali del comportamento dell'IA, tra cui come viene definito, come i sistemi di IA apprendono e imitano il comportamento e gli algoritmi e le metodologie sottostanti.

Definizione del comportamento nel contesto dell'intelligenza artificiale

Il comportamento nell'IA si riferisce alle azioni o alle risposte osservabili di un sistema di IA mentre interagisce con il suo ambiente o elabora i dati. A differenza del software tradizionale, che segue istruzioni esplicite codificate dagli sviluppatori, i sistemi di IA spesso mostrano un comportamento che emerge dai loro processi di apprendimento e dalle interazioni con i dati. Questo comportamento può essere ampiamente categorizzato in diversi tipi:

1. Comportamento reattivo: il comportamento reattivo nei sistemi di intelligenza artificiale è caratterizzato da risposte dirette a input specifici senza alcuna considerazione delle interazioni passate o delle implicazioni future. Ad esempio, un motore di raccomandazione che suggerisce prodotti in base alla query di ricerca corrente di un utente sta dimostrando un comportamento reattivo. Questi sistemi sono in genere progettati per rispondere a input immediati in modo predefinito.
2. Comportamento adattivo: il comportamento adattivo si verifica quando un sistema di intelligenza artificiale modifica le sue azioni in base al feedback o a nuovi dati. Ad esempio, un modello di apprendimento automatico che migliora la sua accuratezza nel tempo mentre elabora più dati mostra un comportamento adattivo. Questo tipo di comportamento è fondamentale per i sistemi che devono evolversi e adattarsi a condizioni mutevoli.
3. Comportamento predittivo: il comportamento predittivo implica la formulazione di previsioni o stime su eventi futuri in base a dati storici. Ad esempio, gli strumenti di analisi predittiva in finanza utilizzano dati di mercato storici per prevedere le

tendenze future. Il comportamento predittivo richiede che il sistema di intelligenza artificiale analizzi i modelli e prenda decisioni informate sui risultati futuri.

4. Comportamento autonomo: il comportamento autonomo si riferisce alla capacità di un sistema di intelligenza artificiale di operare in modo indipendente e prendere decisioni senza l'intervento umano. I veicoli autonomi, ad esempio, mostrano un comportamento autonomo mentre percorrono le strade e prendono decisioni di guida basate su dati in tempo reale. Questo tipo di comportamento è complesso e comporta l'integrazione di varie forme di input e processi decisionali.
5. Comportamento sociale: il comportamento sociale nell'IA comporta interazioni che imitano le interazioni sociali umane, come la conversazione e l'empatia. I sistemi di IA sociale, come gli assistenti virtuali o i chatbot, sono progettati per interagire con gli utenti in un modo che sembra naturale e umano. Questo comportamento è spesso ottenuto tramite l'elaborazione del linguaggio naturale e l'analisi del sentiment.

Comprendere questi tipi di comportamento è essenziale per progettare sistemi di IA che soddisfino esigenze specifiche e operino efficacemente all'interno degli ambienti previsti. Man mano che la tecnologia dell'IA continua ad avanzare, anche la complessità e la portata del comportamento dell'IA si espanderanno, richiedendo una ricerca e uno sviluppo continui per gestire e ottimizzare questi comportamenti.

Come i sistemi di intelligenza artificiale apprendono e imitano il comportamento

I sistemi di intelligenza artificiale apprendono e imitano il comportamento attraverso vari metodi, principalmente guidati da tecniche di apprendimento automatico (ML) e apprendimento profondo. Questi processi di apprendimento consentono all'intelligenza artificiale sistemi per adattarsi alle nuove informazioni, migliorare le loro prestazioni nel tempo e replicare comportamenti simili a quelli umani. I meccanismi chiave alla base di questo apprendimento includono:

1. Apprendimento supervisionato: l'apprendimento supervisionato è un approccio comune di apprendimento automatico in cui un sistema di intelligenza artificiale viene addestrato su un set di dati etichettato. In questo metodo, il sistema impara a mappare gli input sugli output in base agli esempi forniti durante l'addestramento. Ad esempio, un algoritmo di apprendimento supervisionato per il

riconoscimento delle immagini potrebbe essere addestrato su migliaia di immagini etichettate (ad esempio, gatti e cani) per imparare a classificare accuratamente nuove immagini. Il comportamento del sistema è modellato dai modelli che apprende dai dati di addestramento, consentendogli di fare previsioni o classificazioni in base a nuovi input.
2. Apprendimento non supervisionato: l'apprendimento non supervisionato comporta l'addestramento di un sistema di intelligenza artificiale su dati non etichettati, in cui il sistema deve identificare autonomamente modelli e strutture. Questo approccio viene utilizzato per attività quali clustering e riduzione della dimensionalità. Ad esempio, un algoritmo di apprendimento non supervisionato potrebbe analizzare i dati dei clienti per segmentare i clienti in gruppi diversi in base al comportamento di acquisto. Il comportamento del sistema è influenzato dalla struttura intrinseca dei dati, consentendogli di scoprire relazioni e modelli nascosti.
3. Apprendimento per rinforzo: l'apprendimento per rinforzo è un metodo in cui un sistema di intelligenza artificiale impara interagendo con un ambiente e ricevendo feedback sotto forma di ricompense o penalità. Il sistema prende decisioni in base allo stato attuale, intraprende azioni e riceve feedback che informano le decisioni future. Questo approccio è comunemente utilizzato in scenari in cui è richiesto un processo decisionale ottimale, come nei giochi o nella robotica. Ad esempio, un algoritmo di apprendimento per rinforzo potrebbe essere utilizzato per addestrare un robot a navigare in un labirinto

premiando la navigazione riuscita e penalizzando le collisioni.
4. Apprendimento per imitazione: l'apprendimento per imitazione comporta l'insegnamento a un sistema di intelligenza artificiale a imitare il comportamento di un essere umano o di un altro sistema di intelligenza artificiale. Questo approccio è spesso utilizzato in scenari in cui la supervisione diretta è impraticabile. Ad esempio, un sistema di intelligenza artificiale potrebbe imparare a giocare a un videogioco osservando e imitando le azioni di un giocatore umano. Il comportamento del sistema è modellato dalle azioni dimostrate, consentendogli di replicare un comportamento simile in situazioni simili.
5. Transfer Learning: il transfer learning implica lo sfruttamento delle conoscenze acquisite da un'attività o dominio per migliorare le prestazioni in un'altra attività o dominio correlato. Questo approccio è utile quando sono disponibili dati limitati per l'attività target. Ad esempio, un modello addestrato per riconoscere oggetti nelle immagini potrebbe essere adattato per riconoscere tipi specifici di oggetti in un contesto diverso. Il transfer learning consente ai sistemi di intelligenza artificiale di applicare comportamenti appresi in precedenza a scenari nuovi, ma correlati.

Questi metodi di apprendimento consentono ai sistemi di intelligenza artificiale di sviluppare comportamenti complessi che imitano la cognizione e il processo decisionale umani. Elaborando continuamente i dati, ricevendo feedback, e adattando i loro algoritmi, i sistemi di intelligenza artificiale possono evolversi e perfezionare i loro comportamenti nel tempo.

Algoritmi e metodologie chiave alla base dei comportamenti dell'intelligenza artificiale

Diversi algoritmi e metodologie sostengono il comportamento dei sistemi di IA, ognuno dei quali contribuisce a diversi aspetti dell'apprendimento e del processo decisionale. Comprendere questi algoritmi è fondamentale per sviluppare sistemi di IA efficaci e gestirne il comportamento. Gli algoritmi e le metodologie chiave includono:

1. Reti neurali: le reti neurali sono una componente fondamentale di molti sistemi di intelligenza artificiale, in particolare nel deep learning. Queste reti sono costituite da nodi interconnessi (neuroni) organizzati in livelli (input, hidden e output). Le reti neurali sono progettate per apprendere modelli e rappresentazioni complesse dai dati. Ad esempio, le reti neurali convoluzionali (CNN) sono ampiamente utilizzate per attività di riconoscimento delle immagini, mentre le reti neurali ricorrenti (RNN) sono utilizzate per la modellazione di sequenze e l'elaborazione del linguaggio naturale.

2. Alberi decisionali: gli alberi decisionali sono un algoritmo semplice ma potente utilizzato per attività di classificazione e regressione. Un albero decisionale suddivide i dati in sottoinsiemi in base ai valori delle caratteristiche, creando una struttura ad albero di decisioni e risultati. Ogni nodo nell'albero rappresenta una decisione basata su una caratteristica e ogni ramo rappresenta un risultato. Gli alberi decisionali sono interpretabili e possono essere utilizzati per comprendere come i sistemi di intelligenza artificiale prendono decisioni in base a diversi input.
3. Support Vector Machine (SVM): le Support Vector Machine sono un algoritmo di apprendimento supervisionato utilizzato per attività di classificazione e regressione. Le SVM trovano l'iperpiano ottimale che separa classi diverse nello spazio delle feature. L'obiettivo è massimizzare il margine tra le classi, assicurando che il classificatore funzioni bene sia sui dati di training che di test. Le SVM sono efficaci per attività in cui i dati non sono linearmente separabili.
4. K-Nearest Neighbors (KNN): K-Nearest Neighbors è un algoritmo non parametrico utilizzato per attività di classificazione e regressione. L'algoritmo assegna una classe o un valore a un punto dati in base alle classi o ai valori dei suoi k-nearest neighbors. KNN è

semplice da implementare e può essere efficace per piccoli set di dati, ma può essere computazionalmente costoso per set di dati di grandi dimensioni.

5. Gradient Boosting: Gradient Boosting è un metodo di apprendimento d'insieme che combina più studenti deboli (ad esempio, alberi decisionali) per creare uno studente forte. L' algoritmo aggiunge iterativamente nuovi modelli per correggere gli errori dei modelli precedenti, ottimizzando le prestazioni complessive. Gradient Boosting è noto per la sua elevata accuratezza e viene utilizzato in varie applicazioni, tra cui classificazione e regressione.

6. Algoritmi di clustering: gli algoritmi di clustering raggruppano punti dati simili in base alle loro caratteristiche. Gli algoritmi di clustering comuni includono K-Means, clustering gerarchico e DBSCAN. Il clustering viene utilizzato per attività quali segmentazione dei clienti, rilevamento di anomalie e riconoscimento di pattern. Questi algoritmi consentono ai sistemi di intelligenza artificiale di identificare raggruppamenti e relazioni naturali all'interno dei dati.

7. Elaborazione del linguaggio naturale (NLP): l'elaborazione del linguaggio naturale è un sottocampo dell'IA incentrato sull'interazione tra computer e

linguaggio umano. Gli algoritmi NLP consentono ai sistemi di IA di comprendere, generare e manipolare il linguaggio naturale. Tecniche come la tokenizzazione, il riconoscimento di entità denominate e l'analisi del sentiment vengono utilizzate per elaborare e analizzare i dati di testo. L'NLP è fondamentale per applicazioni come chatbot, traduzione linguistica e riepilogo di testo.

8. Generative Adversarial Networks (GAN): le Generative Adversarial Networks sono una classe di algoritmi di apprendimento profondo utilizzati per generare nuovi campioni di dati che assomigliano a un dato set di dati. Le GAN sono costituite da due reti neurali, un generatore e un discriminatore, che competono tra loro. Il generatore crea campioni di dati sintetici, mentre il discriminatore ne valuta l'autenticità. Le GAN sono utilizzate per attività quali la generazione di immagini, l'aumento dei dati e la generazione di contenuti creativi.

LA SCIENZA DEL PROCESSO DECISIONALE DELL'INTELLIGENZA ARTIFICIALE

I sistemi di intelligenza artificiale (IA) hanno rivoluzionato il modo in cui vengono prese le decisioni in vari ambiti. Dai veicoli autonomi ai sistemi di raccomandazione, comprendere come i sistemi di IA elaborano le informazioni e prendono decisioni è fondamentale per sviluppare tecnologie efficaci e affidabili. Questa sezione approfondisce la scienza del processo decisionale dell'IA, inclusi i meccanismi alla base dei processi decisionali, il ruolo dell'apprendimento per rinforzo e le applicazioni nel mondo reale.

Come i sistemi di intelligenza artificiale elaborano le informazioni e prendono decisioni

I sistemi di intelligenza artificiale elaborano informazioni e prendono decisioni attraverso una combinazione di algoritmi, dati e tecniche computazionali. Il processo decisionale generalmente prevede i seguenti passaggi:

1. Raccolta dati e pre-elaborazione: i sistemi di intelligenza artificiale iniziano raccogliendo e pre-elaborando i dati, che servono come base per il processo decisionale. La raccolta dati comporta la raccolta di dati grezzi da varie fonti, come sensori, input utente o database. La pre-elaborazione include

la pulizia, la trasformazione e la normalizzazione dei dati per renderli adatti all'analisi. Ad esempio, nel riconoscimento delle immagini, la pre-elaborazione potrebbe comportare il ridimensionamento delle immagini e la regolazione dei valori di colore.

2. Estrazione di caratteristiche: l'estrazione di caratteristiche implica l'identificazione e la selezione di caratteristiche o attributi rilevanti dai dati che sono importanti per prendere decisioni. Ad esempio, nell'elaborazione del linguaggio naturale (NLP), l'estrazione di caratteristiche potrebbe implicare l'identificazione di parole chiave o frasi da dati di testo. Nel riconoscimento delle immagini, le caratteristiche potrebbero includere bordi, texture o forme.

3. Model Training: il sistema AI utilizza i dati preelaborati e le feature estratte per addestrare un modello. Durante l'addestramento, il modello apprende pattern e relazioni all'interno dei dati utilizzando algoritmi come reti neurali, alberi decisionali o macchine a vettori di supporto. L'obiettivo è sviluppare un modello in grado di fare previsioni o classificazioni accurate basate su dati nuovi e inediti.

4. Decision-Making: una volta addestrato, il modello AI elabora nuovi input e prende decisioni in base ai suoi modelli appresi. Questa fase comporta l'applicazione del modello a dati in tempo reale per generare output o previsioni. Ad esempio, un sistema di raccomandazione potrebbe suggerire prodotti in base alle preferenze dell'utente, mentre un veicolo autonomo potrebbe decidere il percorso migliore da intraprendere in base ai dati dei sensori.
5. Valutazione e feedback: dopo aver preso decisioni, i sistemi AI vengono valutati in base alle loro prestazioni e alla loro accuratezza. Il feedback viene raccolto per valutare quanto bene le decisioni del sistema siano in linea con i risultati desiderati. Questo feedback può essere utilizzato per mettere a punto il modello, migliorarne l'accuratezza e adattarsi alle mutevoli condizioni.

I processi decisionali dell'IA si basano su algoritmi sofisticati e tecniche computazionali per analizzare i dati e generare insight. La comprensione di questi processi è essenziale per sviluppare sistemi di IA accurati, affidabili e in grado di gestire attività complesse.

Apprendimento tramite rinforzo e il suo ruolo nella formazione del comportamento

L'apprendimento per rinforzo (RL) è una tecnica chiave nell'intelligenza artificiale che svolge un ruolo cruciale nella formazione del comportamento. A differenza dell'apprendimento supervisionato, che si basa su dati etichettati, l'apprendimento per rinforzo comporta l'addestramento di un agente a prendere decisioni basate sulle interazioni con il suo ambiente. L'agente impara attraverso un processo di tentativi ed errori, ricevendo ricompense o penalità in base alle proprie azioni.

1. Concetti di base del Reinforcement Learning: il Reinforcement Learning si basa sul concetto di un agente che interagisce con un ambiente per raggiungere obiettivi specifici. L'agente intraprende azioni all'interno dell'ambiente e riceve feedback sotto forma di ricompense o penalità. L'obiettivo è apprendere una politica, una strategia per selezionare azioni che massimizzino le ricompense cumulative nel tempo.

- Agente: l'entità che prende decisioni e intraprende azioni all'interno dell'ambiente.

- Ambiente: il contesto esterno in cui l'agente opera e interagisce.

- Azione: le scelte o i comportamenti che l'agente può adottare.

- Ricompensa: il feedback ricevuto dall'ambiente in base alle azioni dell'agente.

- Politica: la strategia o la mappatura dagli stati alle azioni che l'agente utilizza per prendere decisioni.

- Funzione valore: funzione che stima la ricompensa cumulativa prevista per un dato stato o azione.

2. Esplorazione vs. sfruttamento: una delle sfide principali nell'apprendimento per rinforzo è bilanciare l'esplorazione e sfruttamento. L'esplorazione implica la sperimentazione di nuove azioni per scoprirne gli effetti, mentre lo sfruttamento implica lo sfruttamento di azioni note che hanno già prodotto grandi ricompense. Raggiungere il giusto equilibrio è fondamentale per un apprendimento e un processo decisionale efficaci.

3. Q-Learning: Q-learning è un popolare algoritmo di apprendimento di rinforzo utilizzato per apprendere il valore delle azioni in diversi stati. L'algoritmo mantiene una tabella Q, in cui ogni voce rappresenta la ricompensa prevista per aver intrapreso una particolare azione in ogni stato. L'agente aggiorna i valori Q in base al feedback ricevuto dall'ambiente, apprendendo gradualmente la politica ottimale.

4. Deep Reinforcement Learning: il deep reinforcement learning combina il reinforcement learning con tecniche di

deep learning per gestire ambienti complessi con spazi di stato e azione ad alta dimensione. Le Deep Q-Networks (DQN) sono un esempio di questo approccio, in cui le reti neurali vengono utilizzate per approssimare i valori Q. Questa tecnica è stata applicata con successo a compiti come giocare ai giochi Atari e controllare sistemi robotici.

5. Applicazioni del Reinforcement Learning: il Reinforcement Learning è stato applicato a vari scenari del mondo reale, tra cui robotica, giochi e finanza. Ad esempio, RL è stato utilizzato per addestrare i robot a svolgere compiti come afferrare oggetti e navigare negli ambienti. Nel gioco, RL ha raggiunto prestazioni sovrumane in giochi come AlphaGo e Dota 2. In finanza, la RL viene utilizzata per il trading algoritmico e l'ottimizzazione del portafoglio.

L'apprendimento per rinforzo fornisce un framework per lo sviluppo di sistemi di intelligenza artificiale in grado di apprendere e adattare il proprio comportamento in base alle interazioni con l'ambiente. Sfruttando ricompense e feedback, l'apprendimento per rinforzo consente ai sistemi di sviluppare comportamenti complessi e prendere decisioni che massimizzano i benefici a lungo termine.

Casi di studio del processo decisionale dell'intelligenza artificiale nelle applicazioni del mondo reale

1. Veicoli autonomi: i veicoli autonomi si affidano al processo decisionale dell'intelligenza artificiale per navigare sulle strade, evitare ostacoli e prendere decisioni di guida. Questi veicoli utilizzano una combinazione di sensori, telecamere e algoritmi di intelligenza artificiale per elaborare dati in tempo reale e prendere decisioni su velocità, cambi di corsia e frenata. Ad esempio, il sistema Autopilot di Tesla utilizza algoritmi di apprendimento profondo per interpretare i dati dei sensori e prendere decisioni di guida, consentendo al veicolo di funzionare in modo autonomo in determinate condizioni.

2. Sistemi di raccomandazione: i sistemi di raccomandazione, come quelli utilizzati da Netflix e Amazon, impiegano il processo decisionale AI per suggerire prodotti o contenuti in base alle preferenze e ai comportamenti degli utenti. Questi sistemi analizzano i dati storici

dati, interazioni utente e informazioni contestuali per generare raccomandazioni personalizzate. Ad esempio, Netflix utilizza metodi di filtraggio collaborativo e basati sui contenuti per consigliare film e programmi TV agli utenti, migliorando la loro esperienza di visione.

3. Diagnostica sanitaria: il processo decisionale basato sull'intelligenza artificiale è sempre più utilizzato nella diagnostica sanitaria per aiutare a rilevare malattie e raccomandare trattamenti. Ad esempio, gli algoritmi di intelligenza artificiale analizzano le immagini mediche, come raggi X e risonanze magnetiche, per identificare anomalie e diagnosticare condizioni. Watson for Oncology di IBM utilizza l'intelligenza artificiale per analizzare i dati dei pazienti e raccomandare opzioni di trattamento in base alle ultime ricerche e linee guida cliniche.

4. Rilevamento delle frodi: i sistemi di intelligenza artificiale sono utilizzati nelle istituzioni finanziarie per rilevare e prevenire attività fraudolente. Questi sistemi analizzano i modelli di transazione, il comportamento degli utenti e i dati storici per identificare anomalie e potenziali frodi. Ad esempio, le società di carte di credito utilizzano algoritmi di apprendimento automatico per segnalare transazioni sospette e prevenire addebiti fraudolenti.

5. Chatbot del servizio clienti: i chatbot basati sull'intelligenza artificiale vengono impiegati nel servizio clienti per fornire risposte automatiche alle richieste dei clienti e risolvere i problemi. Questi chatbot utilizzano l'elaborazione del linguaggio naturale (NLP) e l'elaborazione automatica

algoritmi di apprendimento per comprendere le query degli utenti e generare risposte appropriate. Ad esempio, aziende come H&M e Sephora utilizzano chatbot per assistere i clienti con raccomandazioni sui prodotti e monitoraggio degli ordini.

IL RUOLO DEI DATI NEL MODELLARE IL COMPORTAMENTO DELL'INTELLIGENZA ARTIFICIALE

I dati svolgono un ruolo fondamentale nel modellare il comportamento dell'IA. La qualità, la quantità e la diversità dei dati hanno un impatto diretto sul modo in cui i sistemi di IA apprendono, prendono decisioni e mostrano un comportamento. Questa sezione esplora il ruolo dei dati nell'IA, inclusa l'IA basata sui dati, i pregiudizi nei dati e la garanzia di comportamenti etici e imparziali dell'IA.

Intelligenza artificiale basata sui dati: dai dati grezzi ai modelli comportamentali

1. Raccolta dati: la raccolta dati comporta la raccolta di dati grezzi da varie fonti, come sensori, interazioni utente e database. La qualità dei dati raccolti influisce sulle prestazioni e l'accuratezza dei sistemi AI. Ad esempio, nel riconoscimento delle immagini, le immagini ad alta risoluzione con etichette chiare contribuiscono a migliorare le prestazioni del modello.

2. Pre-elaborazione dei dati: la pre-elaborazione dei dati comporta la pulizia, la trasformazione e la normalizzazione dei dati grezzi per renderli adatti all'analisi. Questa fase include la gestione dei valori mancanti, la rimozione del

rumore e il ridimensionamento delle funzionalità. Una corretta pre-elaborazione garantisce che i dati siano accurati e coerenti, il che è fondamentale per l'addestramento di modelli di intelligenza artificiale efficaci.

3. Feature Engineering: il feature engineering è il processo di selezione e creazione di feature rilevanti da dati grezzi. Le feature sono gli attributi o le caratteristiche utilizzate dai modelli AI per prendere decisioni. Ad esempio, nell'analisi predittiva, le feature potrebbero includere dati demografici dei clienti, cronologia delle transazioni e metriche comportamentali. Un feature engineering efficace migliora la capacità del modello di apprendere e fare previsioni accurate.

4. Model Training: durante il model training, i sistemi AI apprendono dai dati preelaborati e dalle feature estratte per sviluppare pattern e relazioni. La qualità dei dati influenza direttamente la capacità del modello di generalizzare e prendere decisioni accurate. Ad esempio, un sistema di raccomandazione addestrato su diverse preferenze degli utenti può fornire suggerimenti più personalizzati.

5. Modelli comportamentali: i sistemi di intelligenza artificiale mostrano modelli comportamentali basati sui dati che elaborano e sui modelli che utilizzano. Questi modelli possono includere processi decisionali, comportamenti di risposta e interazioni con gli utenti. Ad esempio, il

comportamento di un chatbot nel rispondere alle domande dei clienti è modellato dai dati su cui è stato addestrato e dagli algoritmi che impiega.

L'intelligenza artificiale basata sui dati consente ai sistemi di apprendere dai dati, adattarsi a nuove informazioni e sviluppare comportamenti complessi.

Sfruttando i dati, i sistemi di intelligenza artificiale possono prendere decisioni informate e fornire informazioni preziose in diverse applicazioni.

Bias nei dati e il suo impatto sul comportamento dell'intelligenza artificiale

1. Tipi di distorsione: la distorsione nei dati può derivare da varie fonti, tra cui distorsioni di campionamento, errori di misurazione e distorsioni storiche. Le distorsioni di campionamento si verificano quando i dati raccolti non sono rappresentativi dell'intera popolazione. Gli errori di misurazione comportano imprecisioni nella registrazione o nell'etichettatura dei dati. Le distorsioni storiche riflettono le disuguaglianze sociali e i pregiudizi presenti nei dati storici.

2. Impatto sul comportamento dell'IA: la distorsione nei dati può portare a un comportamento dell'IA distorto, con conseguenti risultati ingiusti o discriminatori. Ad esempio, se un sistema di riconoscimento facciale viene addestrato su

volti prevalentemente maschili, potrebbe funzionare male sui volti femminili. Allo stesso modo, i dati distorti negli algoritmi di assunzione possono portare a pratiche discriminatorie nel reclutamento.

3. Rilevamento e mitigazione dei bias: il rilevamento e la mitigazione dei bias implicano l'identificazione e l'affrontamento delle fonti di bias nei dati e nei modelli di intelligenza artificiale. Le tecniche includono l'audit dei set di dati per l'equità, l'utilizzo di algoritmi di rilevamento dei bias e l'implementazione di vincoli di equità nei modelli. Ad esempio, tecniche come la riponderazione dei dati, il sovracampionamento di gruppi sottorappresentati e L'applicazione di algoritmi basati sull'equità può aiutare a ridurre i pregiudizi nei sistemi di intelligenza artificiale.

4. Considerazioni etiche: affrontare i pregiudizi nell'IA è fondamentale per garantire un comportamento etico e responsabile dell'IA. Le organizzazioni dovrebbero dare priorità alla trasparenza, alla responsabilità e all'equità nei loro sistemi di IA. Ciò include condurre audit regolari, coinvolgere team diversi nel processo di sviluppo e aderire a linee guida etiche.

Garantire comportamenti etici e imparziali nell'intelligenza artificiale

1. Linee guida e quadri etici: stabilire linee guida e quadri etici è essenziale per garantire che i sistemi di IA funzionino in modo equo e responsabile. Le organizzazioni dovrebbero sviluppare e implementare policy che affrontino preoccupazioni etiche, come privacy, correttezza e trasparenza. Quadri come le Linee guida etiche per l'IA della Commissione Europea forniscono principi per lo sviluppo di sistemi di IA etici.

2. Dati diversificati e inclusivi: garantire che i dati utilizzati per l'addestramento dei sistemi di intelligenza artificiale siano diversificati e inclusivi aiuta a mitigare i pregiudizi e a migliorare l'equità. Le organizzazioni dovrebbero impegnarsi a raccogliere dati da fonti diverse e considerare vari fattori demografici. Ad esempio, nell'assistenza sanitaria, l'utilizzo di dati provenienti da popolazioni diverse può portare a diagnosi più accurate ed eque.

3. Trasparenza e responsabilità: trasparenza e responsabilità sono essenziali per creare fiducia nei sistemi di intelligenza artificiale. Le organizzazioni dovrebbero fornire spiegazioni chiare su come i modelli di intelligenza artificiale prendono decisioni e divulgano informazioni sui dati utilizzati. I meccanismi di responsabilità, come audit esterni e revisioni

indipendenti, possono aiutare a garantire che i sistemi di intelligenza artificiale aderiscano agli standard etici.

4. Monitoraggio e miglioramento continui: il monitoraggio e il miglioramento continui sono essenziali per mantenere un comportamento AI etico e imparziale. Le organizzazioni dovrebbero valutare regolarmente i sistemi AI per correttezza, accuratezza e prestazioni. Il feedback degli utenti e delle parti interessate può essere utilizzato per identificare e risolvere i problemi, assicurando che i sistemi AI si evolvano per soddisfare gli standard etici.

5. Coinvolgimento delle parti interessate: coinvolgere le parti interessate, tra cui utenti, esperti e decisori politici, è importante per affrontare un comportamento AI etico e imparziale. La collaborazione con gruppi diversi può fornire spunti e prospettive preziose, aiutando a sviluppare sistemi AI equi e inclusivi.

La scienza del processo decisionale dell'IA e il ruolo dei dati nel plasmare il comportamento dell'IA sono aspetti fondamentali dello sviluppo e dell'implementazione dei sistemi di IA. Comprendere come i sistemi di IA elaborano le informazioni, prendono decisioni e apprendono dai dati fornisce preziose informazioni sulle loro capacità e limitazioni. L'apprendimento per rinforzo svolge un ruolo cruciale nella formazione del comportamento, consentendo ai sistemi di IA di adattare e migliorare i loro processi decisionali.

PARTE 2: MODELLI COMPORTAMENTALI DELL'INTELLIGENZA ARTIFICIALE IN AZIONE

Riconoscimento di pattern e intelligenza artificiale: gli elementi costitutivi

Il riconoscimento di pattern è un aspetto fondamentale dell'IA, che consente ai sistemi di identificare e interpretare pattern all'interno di grandi quantità di dati. Questa capacità è alla base di molte applicazioni di IA ed è fondamentale per il progresso della tecnologia di IA.

Come l'intelligenza artificiale identifica i pattern in grandi set di dati

Il riconoscimento di pattern nell'AI comporta l'analisi di grandi set di dati per identificare regolarità, tendenze e anomalie. Il processo segue in genere questi passaggi:

1. Raccolta dati e pre-elaborazione: i sistemi di intelligenza artificiale iniziano raccogliendo grandi volumi di dati, che possono includere testo, immagini, audio e dati dei sensori. Questi dati grezzi spesso richiedono una pre-elaborazione per pulirli, normalizzarli e formattarli per l'analisi. Per preparare i dati vengono impiegate tecniche come il filtraggio dei dati, la riduzione del rumore e l'estrazione delle caratteristiche.
2. Estrazione di feature: l'estrazione di feature implica l'identificazione degli aspetti più rilevanti dei dati che aiuteranno nel riconoscimento di pattern. Nell'elaborazione delle immagini, le feature

potrebbero includere bordi, texture o colori. Nell'analisi del testo, le feature potrebbero includere parole chiave, strutture sintattiche o significati semantici.
3. Algoritmi di rilevamento di modelli: l'intelligenza artificiale utilizza vari algoritmi per rilevare modelli all'interno dei dati:
    - Algoritmi di classificazione: questi algoritmi assegnano i dati a categorie predefinite in base a modelli identificati nei dati di training. Gli algoritmi di classificazione comuni includono alberi decisionali, macchine a vettori di supporto (SVM) e reti neurali.
    - Algoritmi di clustering: gli algoritmi di clustering raggruppano punti dati simili in base alle loro caratteristiche. Il clustering K-means e il clustering gerarchico sono metodi popolari utilizzati per identificare raggruppamenti naturali all'interno dei dati.
    - Apprendimento delle regole di associazione: questa tecnica scopre relazioni tra variabili in grandi set di dati. Ad esempio, nell'analisi del paniere di acquisto, l'apprendimento delle regole di associazione può rivelare quali prodotti vengono acquistati frequentemente insieme.
4. Addestramento e valutazione del modello: una volta applicati gli algoritmi di rilevamento dei pattern, il modello AI viene addestrato utilizzando dati etichettati. Le prestazioni del modello vengono valutate utilizzando parametri quali accuratezza, precisione, richiamo e punteggio F1. Il continuo

perfezionamento e la messa a punto del modello contribuiscono a migliorare le sue capacità di riconoscimento dei pattern.
5. Caso di studio: riconoscimento delle immagini con reti neurali convoluzionali (CNN) Le reti neurali convoluzionali (CNN) sono una classe di algoritmi di apprendimento profondo progettati specificamente per attività di riconoscimento delle immagini. Le CNN utilizzano livelli convoluzionali per estrarre automaticamente le caratteristiche dalle immagini e livelli di pooling per
6. ridurre la dimensionalità. Questa architettura consente alle CNN di riconoscere pattern complessi nei dati visivi. Ad esempio, il progetto DeepDream di Google utilizza le CNN per migliorare e visualizzare pattern nelle immagini. Grazie all'addestramento su vasti set di dati di immagini, la rete neurale di DeepDream può identificare e amplificare pattern, producendo immagini visivamente sorprendenti e talvolta surreali.

Applicazioni nel riconoscimento delle immagini, nell'elaborazione del linguaggio e altro ancora

Il riconoscimento di schemi è fondamentale in un'ampia gamma di applicazioni di intelligenza artificiale, dal riconoscimento delle immagini all'elaborazione del linguaggio e oltre.

Riconoscimento delle immagini: i sistemi AI utilizzano il riconoscimento di pattern per identificare oggetti, volti e scene nelle immagini. Le applicazioni includono:

- Riconoscimento facciale: utilizzato nei sistemi di sicurezza, nelle piattaforme dei social media e nello sblocco degli smartphone, il riconoscimento facciale identifica gli individui in base a caratteristiche facciali uniche.
- Imaging medico: l'IA analizza le immagini mediche, come raggi X e risonanze magnetiche, per rilevare anomalie e assistere nella diagnosi. Ad esempio, i sistemi di IA possono identificare segni di cancro o fratture con elevata accuratezza.

Elaborazione del linguaggio: l'elaborazione del linguaggio naturale (NLP) sfrutta il riconoscimento di pattern per comprendere e generare il linguaggio umano. Le applicazioni principali includono:

- Traduzione automatica: i sistemi di intelligenza artificiale traducono il testo tra le lingue riconoscendo i pattern nella sintassi e nella semantica della lingua. Google Translate è un esempio importante di questa applicazione.
- Riconoscimento vocale: sistemi come Siri e Google Assistant utilizzano il riconoscimento di schemi per convertire il linguaggio parlato in testo e comprendere i comandi dell'utente.

Analisi finanziaria: in finanza, l'intelligenza artificiale utilizza il riconoscimento di pattern per analizzare le tendenze di mercato, prevedere i prezzi delle azioni e rilevare attività fraudolente. Ad esempio, gli algoritmi di intelligenza artificiale possono identificare pattern nei dati di trading per prevedere i movimenti di mercato o individuare irregolarità indicative di frode.

Diagnostica sanitaria: i sistemi di intelligenza artificiale analizzano i pattern nei dati dei pazienti per diagnosticare malattie e raccomandare trattamenti. Ad esempio, i modelli predittivi possono identificare pattern nei sintomi e nella storia clinica dei pazienti per suggerire potenziali diagnosi.

Caso di studio: IBM Watson per l'assistenza sanitaria

IBM Watson for Healthcare applica il riconoscimento di pattern per analizzare grandi quantità di letteratura medica e dati dei pazienti. Il sistema identifica pattern correlati a malattie, trattamenti e risultati dei pazienti, aiutando i medici a prendere decisioni informate. Watson for Healthcare è stato utilizzato per analizzare casi di cancro, aiutando gli oncologi a scegliere piani di trattamento personalizzati in base a pattern identificati nei dati dei pazienti.

Il futuro del riconoscimento dei pattern nell'evoluzione dell'intelligenza artificiale

Il futuro del riconoscimento di modelli nell'intelligenza artificiale comporterà probabilmente progressi nella tecnologia e nelle metodologie, migliorando le capacità e le applicazioni dei sistemi di intelligenza artificiale.

Algoritmi avanzati: si prevede che algoritmi emergenti, come i trasformatori e i meccanismi di attenzione, miglioreranno il riconoscimento di pattern in vari domini. Questi algoritmi migliorano la capacità dei sistemi di intelligenza artificiale di gestire dati complessi e su larga scala.

Integrazione con altre tecnologie: l'integrazione del riconoscimento di pattern con altre tecnologie, come la realtà aumentata (AR) e la realtà virtuale (VR), creerà nuove applicazioni ed esperienze. Ad esempio, le applicazioni AR potrebbero utilizzare il riconoscimento di pattern per sovrapporre informazioni contestuali su oggetti del mondo reale.

AI spiegabile: man mano che i sistemi di intelligenza artificiale diventano più complessi, ci sarà una crescente enfasi sull'AI spiegabile (XAI). L'AI spiegabile mira a rendere il processo decisionale dei sistemi di intelligenza artificiale trasparente e comprensibile, aiutando gli utenti a fidarsi e a interpretare i risultati del riconoscimento di pattern.

Considerazioni etiche: il futuro del riconoscimento di pattern affronterà anche questioni etiche, come la privacy e i pregiudizi. Garantire che i sistemi di intelligenza artificiale rispettino la privacy degli utenti e prendano decisioni imparziali sarà fondamentale per la loro adozione e accettazione.

L'INTELLIGENZA ARTIFICIALE NELLA MODELLAZIONE DEL COMPORTAMENTO UMANO

La capacità dell'IA di modellare il comportamento umano ha implicazioni significative per vari settori, dal marketing all'assistenza sanitaria e alla sicurezza. Comprendere e prevedere il comportamento umano è fondamentale per progettare sistemi e applicazioni di IA efficaci.

Come l'intelligenza artificiale modella i comportamenti umani: dall'imitazione alla previsione

L'intelligenza artificiale modella il comportamento umano attraverso una combinazione di analisi dei dati, riconoscimento di pattern e simulazioni comportamentali. Il processo prevede:

- Mimica comportamentale: i modelli iniziali di intelligenza artificiale spesso imitano il comportamento umano in base a dati storici e regole predefinite. Ad esempio, i chatbot possono utilizzare risposte con script per simulare modelli di conversazione umana.

- Modellazione predittiva: i modelli di intelligenza artificiale avanzata utilizzano tecniche statistiche e di apprendimento automatico per prevedere comportamenti futuri in base a dati storici. I modelli predittivi analizzano i modelli di comportamento passati per prevedere azioni future, come decisioni di acquisto dei consumatori o risultati sanitari.

- Simulazioni comportamentali: alcuni sistemi di intelligenza artificiale simulano il comportamento umano creando rappresentazioni digitali di individui o gruppi. Queste simulazioni possono essere utilizzate per la formazione, la ricerca e il processo decisionale. Ad esempio, gli esseri umani virtuali guidati dall'intelligenza artificiale vengono utilizzati in simulazioni di addestramento per replicare le interazioni del mondo reale.

Caso di studio: segmentazione dei clienti nel marketing La segmentazione dei clienti basata sull'intelligenza artificiale comporta l'analisi dei modelli di comportamento dei consumatori per identificare gruppi distinti con caratteristiche simili. Questa segmentazione consente alle aziende di adattare strategie di marketing e offerte a segmenti di clienti specifici. Ad esempio, i modelli di intelligenza artificiale potrebbero segmentare i clienti in base alla cronologia degli acquisti, al comportamento di navigazione e alle informazioni demografiche, consentendo campagne di marketing mirate e raccomandazioni personalizzate.

Casi d'uso in marketing, sanità e sicurezza

La modellazione AI del comportamento umano ha applicazioni pratiche in vari ambiti:

- Marketing:
  Pubblicità mirata: i modelli di intelligenza artificiale analizzano il comportamento dei consumatori per fornire pubblicità personalizzate. Comprendendo le preferenze e i comportamenti degli utenti, le aziende possono creare campagne pubblicitarie mirate che risuonano con un pubblico specifico.
  Esperienza del cliente: i sistemi AI utilizzano la modellazione comportamentale per migliorare l'esperienza del cliente. Ad esempio, i motori di raccomandazione suggeriscono prodotti in base agli acquisti passati e alla cronologia di navigazione.
- Assistenza sanitaria:

Medicina personalizzata: i modelli di intelligenza artificiale prevedono le risposte dei pazienti ai trattamenti in base a dati storici e informazioni genetiche. Gli approcci alla medicina personalizzata adattano i trattamenti ai singoli pazienti, migliorando i risultati.

Monitoraggio dei pazienti: i sistemi di intelligenza artificiale analizzano il comportamento dei pazienti e i dati sanitari per rilevare precocemente i segnali di peggioramento o di mancata conformità ai piani di trattamento.

- Sicurezza:

Rilevamento delle frodi: i modelli di intelligenza artificiale identificano modelli insoliti nelle transazioni finanziarie per rilevare attività fraudolente. Analizzando i dati delle transazioni e il comportamento degli utenti, i sistemi di intelligenza artificiale possono segnalare comportamenti sospetti e prevenire le frodi.

Sorveglianza: i sistemi di sorveglianza basati sull'intelligenza artificiale utilizzano la modellazione comportamentale per identificare potenziali minacce alla sicurezza. Questi sistemi analizzano i pattern nei filmati video e nei dati dei sensori per rilevare attività insolite.

Caso di studio: analisi predittiva in sanità L'analisi predittiva in sanità utilizza l'intelligenza artificiale per prevedere i risultati dei pazienti e ottimizzare i piani di trattamento. Ad esempio, i modelli di intelligenza artificiale analizzano i dati dei pazienti per prevedere la probabilità di riammissione dopo l'intervento chirurgico. Queste informazioni aiutano gli operatori sanitari a intervenire precocemente e a ridurre i tassi di riammissione.

Considerazioni etiche nella modellazione del comportamento guidata dall'intelligenza artificiale

La modellazione del comportamento umano tramite l'intelligenza artificiale solleva diverse considerazioni etiche, tra cui la privacy, i pregiudizi e la trasparenza.

Privacy: i sistemi di intelligenza artificiale che modellano il comportamento umano spesso richiedono l'accesso a dati personali e sensibili. È essenziale garantire che i dati vengano raccolti, archiviati e utilizzati in conformità con le normative sulla privacy. Gli utenti devono essere informati su come vengono utilizzati i loro dati e avere il controllo sul loro accesso.

Bias: i modelli di IA possono perpetuare o amplificare i bias esistenti se vengono addestrati su dati distorti. È fondamentale affrontare i bias nei sistemi di IA per garantire risultati giusti ed equi. Tecniche come il rilevamento e la correzione dei bias, nonché la raccolta di dati diversificata, possono aiutare a mitigare i bias.

Trasparenza: la trasparenza nella modellazione del comportamento dell'IA implica rendere il processo decisionale comprensibile e interpretabile. Gli utenti dovrebbero essere in grado di comprendere come i modelli di IA effettuano previsioni e raccomandazioni, promuovendo fiducia e responsabilità.

Caso di studio: pregiudizi negli algoritmi di assunzione

Gli algoritmi di assunzione utilizzati per il reclutamento e la selezione possono presentare pregiudizi basati su genere, etnia o altri fattori. Per affrontare questi pregiudizi è necessario implementare audit di equità, utilizzare dati di formazione diversificati e garantire che le pratiche di assunzione siano eque.

AI SOCIALE: GESTIRE INTERAZIONI E RELAZIONI

L'intelligenza artificiale sociale si riferisce ai sistemi di intelligenza artificiale progettati per interagire con gli esseri umani in un

modo socialmente consapevole. Questi sistemi mirano a comprendere e rispondere alle emozioni umane, agli stili di comunicazione e ai contesti sociali.

Il ruolo dell'intelligenza artificiale nelle interazioni sociali e nella comunicazione

L'intelligenza artificiale svolge un ruolo significativo nelle interazioni sociali facilitando la comunicazione e migliorando le esperienze degli utenti. Le aree chiave includono:

Assistenti virtuali: assistenti virtuali come Siri, Alexa e Google Assistant utilizzano l'intelligenza artificiale per comprendere e rispondere alle richieste degli utenti. Questi assistenti forniscono informazioni, eseguono attività e conversano, migliorando la praticità e l'accessibilità dell'utente.

Social media: gli algoritmi AI curano i contenuti e consigliano i post in base alle interazioni e alle preferenze degli utenti. Questi algoritmi analizzano il comportamento sui social media per fornire agli utenti contenuti pertinenti e coinvolgenti.

Riconoscimento delle emozioni: i sistemi di intelligenza artificiale possono analizzare le espressioni facciali, il tono della voce e il linguaggio del corpo per riconoscere

emozioni. Il riconoscimento delle emozioni migliora le interazioni consentendo all'IA di rispondere in modo empatico e appropriato. Caso di studio: Replika – AI Companion Replika è un chatbot basato sull'IA progettato per fornire supporto emotivo e compagnia. Il sistema utilizza l'elaborazione del linguaggio naturale e l'apprendimento automatico per impegnarsi in conversazioni significative e offrire risposte personalizzate in base alle interazioni dell'utente.

Assistenti virtuali e l'ascesa dell'intelligenza artificiale socialmente intelligente

Lo sviluppo dell'intelligenza artificiale socialmente intelligente mira a creare sistemi che comprendano e gestiscano dinamiche sociali complesse. Gli aspetti chiave includono:

AI conversazionale: i sistemi AI conversazionali sono progettati per impegnarsi in dialoghi naturali e coerenti con gli utenti. Questi sistemi utilizzano modelli linguistici avanzati per generare risposte appropriate al contesto e mantenere il flusso conversazionale.

Personalizzazione: i sistemi di intelligenza artificiale socialmente intelligenti personalizzano le interazioni in base alle preferenze, alla cronologia e al contesto dell'utente. Questa personalizzazione migliora l'esperienza utente adattando risposte e raccomandazioni alle esigenze individuali.

Comportamento adattivo: i sistemi AI adattano il loro comportamento in base al feedback e alle interazioni degli utenti. Ad esempio, gli assistenti virtuali possono adattare il loro tono, linguaggio e stile in base alle preferenze degli utenti e ai segnali emotivi.

Caso di studio: Cortana di Microsoft: Cortana di Microsoft è un assistente virtuale che si integra con i servizi e i dispositivi Microsoft. Le capacità conversazionali di Cortana includono l'impostazione

promemoria, risposte a domande e fornitura di raccomandazioni. L'assistente si adatta alle preferenze dell'utente e impara dalle interazioni per migliorare le sue risposte nel tempo.

Sfide e opportunità nella creazione di un'intelligenza artificiale socialmente consapevole

La creazione di un'intelligenza artificiale socialmente consapevole presenta sia sfide che opportunità:

Sfide:

- Sensibilità culturale: i sistemi di intelligenza artificiale devono gestire le differenze culturali e le norme sociali. Garantire che le interazioni con l'intelligenza artificiale siano culturalmente appropriate e rispettose è essenziale per l'adozione globale.

- Problemi di privacy: i sistemi di intelligenza artificiale socialmente consapevoli possono raccogliere informazioni sensibili sugli utenti. Bilanciare la personalizzazione con le considerazioni sulla privacy è fondamentale per mantenere la fiducia degli utenti.

- Bias e correttezza: garantire che i sistemi di intelligenza artificiale trattino tutti gli utenti in modo equo e senza pregiudizi è una sfida significativa. Affrontare i pregiudizi nell'intelligenza artificiale sociale implica una raccolta di dati diversificata e test rigorosi.

Opportunità:

- Esperienza utente migliorata: l'intelligenza artificiale socialmente consapevole può offrire interazioni più coinvolgenti e soddisfacenti comprendendo le esigenze e le preferenze dell'utente.

- Accessibilità migliorata: i sistemi di intelligenza artificiale possono migliorare l'accessibilità per le persone con disabilità fornendo supporto personalizzato e strumenti di comunicazione.

- Supporto empatico: l'intelligenza artificiale può offrire supporto emotivo e compagnia, in particolare alle persone che soffrono di solitudine o di problemi di salute mentale.

Caso di studio: Woebot – Chatbot per la salute mentale

Woebot è un chatbot progettato per fornire supporto per la salute mentale e terapia cognitivo-comportamentale (CBT). Il sistema AI coinvolge gli utenti in conversazioni per aiutarli a gestire stress e ansia. Utilizzando tecniche terapeutiche basate su prove, Woebot offre supporto accessibile ed empatico.

INTELLIGENZA ARTIFICIALE ED ECONOMIA COMPORTAMENTALE

L'intelligenza artificiale si interseca con l'economia comportamentale analizzando e prevedendo il comportamento economico sulla base di intuizioni psicologiche e approcci basati sui dati.

L'intersezione tra intelligenza artificiale e comportamento economico

L'intelligenza artificiale migliora l'economia comportamentale fornendo strumenti e metodi per comprendere e prevedere il comportamento economico. Le aree chiave includono:

Analisi del comportamento dei consumatori: i modelli di intelligenza artificiale analizzano il comportamento dei consumatori per identificare modelli e preferenze. Questa analisi aiuta le aziende a personalizzare le strategie di marketing, ottimizzare i prezzi e migliorare le offerte di prodotti.

Previsione delle tendenze di mercato: i sistemi di intelligenza artificiale prevedono le tendenze di mercato analizzando gli indicatori economici, i dati di mercato e il comportamento dei consumatori. Queste previsioni aiutano investitori, aziende e decisori politici a prendere decisioni informate.

Comportamentali: l'intelligenza artificiale fornisce informazioni su come i fattori psicologici influenzano le decisioni economiche. Ad esempio, i modelli di intelligenza artificiale possono identificare come pregiudizi, euristiche ed emozioni influenzano le scelte dei consumatori.

Caso di studio: Raccomandazioni personalizzate di Amazon Il motore di raccomandazione di Amazon utilizza l'intelligenza artificiale per analizzare il comportamento e le preferenze dei consumatori. Il sistema fornisce

raccomandazioni di prodotti personalizzate basate sulla cronologia di navigazione, sui modelli di acquisto e sulle interazioni degli utenti. Questa personalizzazione stimola le vendite e migliora l'esperienza di acquisto.

Prevedere il comportamento dei consumatori con l'intelligenza artificiale

L'intelligenza artificiale prevede il comportamento dei consumatori analizzando i dati storici e identificando tendenze e modelli. I metodi chiave includono:

Analisi predittiva: l'analisi predittiva utilizza algoritmi di apprendimento automatico per prevedere il comportamento futuro dei consumatori in base ai dati passati. Ad esempio, i modelli di intelligenza artificiale prevedono quali prodotti un cliente è più propenso ad acquistare in base alla cronologia di navigazione e ai modelli di acquisto.

Segmentazione e targeting: l'intelligenza artificiale segmenta i consumatori in gruppi distinti in base a comportamento, dati demografici e preferenze. Questa segmentazione consente marketing mirato e offerte personalizzate che risuonano con segmenti di clienti specifici.

Analisi del sentiment: l'analisi del sentiment comporta l'analisi dei social media e delle recensioni online per valutare il sentiment e le opinioni dei consumatori. I modelli di intelligenza artificiale identificano i sentiment positivi, negativi e neutri, fornendo informazioni sulle percezioni e le preferenze dei consumatori.

Caso di studio: raccomandazioni sui contenuti di Netflix

Netflix usa l'intelligenza artificiale per consigliare film e programmi TV in base alle preferenze dell'utente e alla cronologia di visualizzazione. Il motore di raccomandazione analizza i modelli di comportamento dell'utente, come il tempo di visione e le valutazioni, per suggerire contenuti pertinenti.

Questo approccio personalizzato aumenta la soddisfazione e il coinvolgimento degli utenti.

Come l'intelligenza artificiale sta trasformando i mercati finanziari e le tendenze dei consumatori

L'intelligenza artificiale sta rivoluzionando i mercati finanziari e le tendenze dei consumatori, offrendo strumenti e approfondimenti avanzati per il processo decisionale e l'analisi.

Trading algoritmico: il trading algoritmico basato sull'intelligenza artificiale utilizza algoritmi di apprendimento automatico per eseguire operazioni basate su dati di mercato in tempo reale. Questi algoritmi analizzano le tendenze di mercato, eseguono operazioni nei momenti ottimali e riducono al minimo l'intervento umano.

Rilevamento e prevenzione delle frodi: i sistemi di intelligenza artificiale rilevano e prevengono le frodi finanziarie analizzando i modelli di transazione e identificando le anomalie. I modelli di apprendimento automatico identificano attività sospette e segnalano potenziali frodi, migliorando la sicurezza e riducendo le perdite finanziarie.

Analisi delle tendenze dei consumatori: l'intelligenza artificiale analizza le tendenze dei consumatori esaminando i dati provenienti da varie fonti, tra cui social media, recensioni online e cronologia degli acquisti. Questa analisi aiuta le aziende a identificare le tendenze emergenti, a comprendere le preferenze dei consumatori e ad adattare le proprie strategie.

la piattaforma COiN di JPMorgan Chase

COiN (Contract Intelligence) di JPMorgan Chase utilizza l'intelligenza artificiale per analizzare documenti legali e contratti. La piattaforma estrae informazioni chiave e identifica potenziali problemi, semplificando i processi legali e riducendo i tempi di revisione manuale.

PARTE 3: CONCETTI AVANZATI E DIREZIONI FUTURE

Adattamento comportamentale: l'intelligenza artificiale impara dall'ambiente circostante

L'intelligenza artificiale (IA) è sempre più caratterizzata dalla sua capacità di adattarsi ed evolversi in base alle interazioni con l'ambiente. Questa capacità è essenziale per i sistemi di IA che operano in contesti dinamici e complessi. In questa sezione, esploreremo come i sistemi di IA si evolvono e si adattano, il ruolo dell'apprendimento continuo ed esamineremo casi di studio di IA adattiva in vari contesti.

Come i sistemi di intelligenza artificiale si evolvono e si adattano nel tempo

I sistemi di intelligenza artificiale, in particolare quelli che utilizzano tecniche di apprendimento automatico e di apprendimento rinforzato, sono progettati per evolversi e adattarsi attraverso un'interazione continua con il loro ambiente. Questa adattabilità è fondamentale per gestire condizioni mutevoli e migliorare le prestazioni nel tempo.

1. Processi di apprendimento dinamici: i sistemi di intelligenza artificiale si evolvono attraverso processi di apprendimento dinamici che consentono loro di adattare il proprio comportamento in base a nuovi dati ed esperienze. Ad esempio, un sistema di raccomandazione aggiorna continuamente il proprio modello man mano che riceve

nuove interazioni con l'utente, perfezionando i propri suggerimenti per adattarli meglio alle preferenze dell'utente.

2. Apprendimento incrementale: l'apprendimento incrementale, noto anche come apprendimento online, consente ai sistemi di intelligenza artificiale di adattarsi gradualmente incorporando nuovi dati senza dover riqualificare da zero. Questo approccio è particolarmente utile in ambienti in cui i dati cambiano costantemente. Ad esempio, un sistema di intelligenza artificiale utilizzato nel trading finanziario può adattarsi alle fluttuazioni del mercato imparando in modo incrementale dai dati di trading recenti.

3. Transfer Learning: il transfer learning consente ai sistemi di intelligenza artificiale di sfruttare le conoscenze acquisite da un'attività o dominio per migliorare le prestazioni in un'altra attività correlata. Questa tecnica aiuta i sistemi di intelligenza artificiale ad adattarsi a nuovi ambienti in modo più efficiente basandosi sulle conoscenze acquisite in precedenza. Ad esempio, un modello addestrato per il riconoscimento di immagini in un dominio può essere adattato per riconoscere oggetti in un contesto diverso utilizzando il transfer learning.

4. Algoritmi evolutivi: gli algoritmi evolutivi imitano i processi di selezione naturale per far evolvere i modelli di IA nel tempo. Questi algoritmi utilizzano meccanismi come mutazione, crossover e selezione per migliorare iterativamente i modelli. Gli algoritmi evolutivi sono impiegati in problemi di ottimizzazione in cui lo spazio di ricerca è ampio e complesso, come nella progettazione di architetture di reti neurali o nell'ottimizzazione di iperparametri.

Il ruolo dell'apprendimento continuo nel modellare il comportamento dell'intelligenza artificiale

L'apprendimento continuo è un fattore critico nel modellare il comportamento dell'IA, consentendo ai sistemi di rimanere pertinenti ed efficaci in ambienti in continua evoluzione. Questo approccio comporta un continuo aggiornamenti e perfezionamenti dei modelli di intelligenza artificiale basati su nuovi dati ed esperienze.

1. Apprendimento online: gli algoritmi di apprendimento online elaborano i dati in modo sequenziale, aggiornando il modello in modo incrementale man mano che arrivano nuovi dati. Questo approccio consente ai sistemi di intelligenza artificiale di adattarsi a nuove tendenze e modelli senza richiedere una riqualificazione completa. Ad esempio, un algoritmo di apprendimento online può aggiornare continuamente un filtro antispam per riconoscere nuovi tipi di minacce e-mail.

2. Tassi di apprendimento adattivo: i tassi di apprendimento adattivo regolano la velocità con cui un modello di IA apprende da nuovi dati. Questa tecnica aiuta a bilanciare la necessità di incorporare nuove informazioni mantenendo al contempo le conoscenze apprese in precedenza. Ad esempio, i tassi di apprendimento adattivo possono essere utilizzati nelle reti neurali per garantire che il modello aggiorni i suoi pesi in modo efficace durante l'addestramento.

3. Apprendimento permanente: l'apprendimento permanente si riferisce alla capacità dei sistemi di intelligenza artificiale di apprendere e adattarsi continuamente durante la loro vita

operativa. Questo approccio consente ai sistemi di intelligenza artificiale di accumulare conoscenze e competenze nel tempo, migliorando le loro prestazioni e versatilità. L'apprendimento permanente è essenziale per le applicazioni in cui i sistemi di intelligenza artificiale devono gestire un'ampia gamma di attività e ambienti.

4. Apprendimento auto-supervisionato: l'apprendimento auto-supervisionato comporta l'addestramento di modelli di intelligenza artificiale utilizzando dati non etichettati, generando segnali di supervisione dai dati stessi. Questo approccio consente ai sistemi di intelligenza artificiale di apprendere rappresentazioni e modelli senza richiedere estesi set di dati etichettati. L'apprendimento auto-supervisionato è particolarmente utile in domini in cui i dati etichettati sono scarsi o costosi da ottenere.

Casi di studio di intelligenza artificiale adattiva in ambienti dinamici

1. Veicoli autonomi: i veicoli autonomi sono esempi eccellenti di sistemi di intelligenza artificiale adattivi che operano in ambienti dinamici. Questi veicoli si adattano continuamente alle mutevoli condizioni stradali, ai modelli di traffico e ai comportamenti dei conducenti. Algoritmi e sensori avanzati consentono ai veicoli autonomi di prendere decisioni in tempo reale, come la regolazione della velocità, il cambio di corsia e la navigazione degli ostacoli.

2. Marketing personalizzato: i sistemi di intelligenza artificiale utilizzati nel marketing personalizzato si adattano continuamente al comportamento e alle preferenze degli utenti. Ad esempio, le piattaforme pubblicitarie online

utilizzano algoritmi adattivi per ottimizzare il targeting e il posizionamento degli annunci in base alle interazioni degli utenti e alle metriche di coinvolgimento. Questi sistemi perfezionano le loro raccomandazioni per aumentare la pertinenza e l'efficacia.

3. Sistemi per la casa intelligente: i sistemi per la casa intelligente, come gli assistenti vocali e i controlli domestici automatizzati, si adattano alle routine e alle preferenze degli utenti nel tempo. Questi sistemi apprendono dalle interazioni degli utenti e adattano il loro comportamento per fornire esperienze più personalizzate. Ad esempio, un termostato intelligente potrebbe apprendere le preferenze di temperatura di una famiglia e adattare di conseguenza le impostazioni di riscaldamento e raffreddamento.

4. Diagnosi medica: i sistemi di intelligenza artificiale utilizzati nella diagnosi medica si adattano ai nuovi dati e alle conoscenze mediche in evoluzione. Ad esempio, gli strumenti diagnostici che analizzano le immagini mediche possono migliorare la loro accuratezza man mano che elaborano più immagini e apprendono dal feedback degli esperti. Questi sistemi possono adattarsi a nuovi tipi

delle malattie e delle tecniche di imaging, migliorandone le capacità diagnostiche.

AI NEI SISTEMI AUTONOMI: COMPORTAMENTO IN MOVIMENTO

I sistemi autonomi, tra cui veicoli, droni e robot, rappresentano alcune delle applicazioni più avanzate dell'IA. Questi sistemi si basano su algoritmi sofisticati per esibire comportamenti complessi e prendere decisioni in tempo reale in ambienti dinamici. Questa sezione esplora i modelli comportamentali nei sistemi autonomi, i processi decisionali e il futuro dell'autonomia dell'IA.

Modelli comportamentali nei veicoli autonomi, nei droni e nella robotica

1. Veicoli autonomi: i veicoli autonomi utilizzano l'intelligenza artificiale per navigare e prendere decisioni di guida in tempo reale. Questi veicoli si affidano a una combinazione di sensori, telecamere e algoritmi di apprendimento automatico per interpretare l'ambiente circostante e prendere decisioni. I modelli comportamentali nei veicoli autonomi includono il mantenimento della corsia, il cruise control adattivo e l'evitamento degli ostacoli. Ad esempio, il sistema Autopilot di Tesla utilizza l'apprendimento approfondito per analizzare i dati dei sensori e prendere decisioni di guida, come la regolazione della velocità e il cambio di corsia.

2. Droni: i droni impiegano l'intelligenza artificiale per svolgere attività quali sorveglianza aerea, consegna e mappatura. Gli algoritmi di intelligenza artificiale consentono ai droni di navigare in ambienti complessi, evitare ostacoli e completare missioni in modo autonomo. I modelli comportamentali nei droni includono pianificazione del

percorso, prevenzione delle collisioni e regolazioni in tempo reale in base ai cambiamenti ambientali. Per Ad esempio, i droni per le consegne utilizzano l'intelligenza artificiale per ottimizzare i percorsi di volo ed evitare gli ostacoli durante la consegna dei pacchi.

3. Robotica: le applicazioni di robotica, come i robot industriali e i robot di servizio, si basano sull'intelligenza artificiale per svolgere compiti e interagire con l'ambiente. I modelli comportamentali nei robot includono la manipolazione di oggetti, la navigazione e l'interazione uomo-robot. Ad esempio, i robot collaborativi (cobot) utilizzati nella produzione adattano il loro comportamento in base ai compiti svolti e alla presenza di operatori umani.

Decisioni e risoluzione dei problemi in tempo reale

1. Decisioni in tempo reale: i sistemi autonomi devono prendere decisioni in tempo reale in base a condizioni in rapido cambiamento. Gli algoritmi di intelligenza artificiale utilizzati in questi sistemi includono elaborazione dei dati in tempo reale, alberi decisionali e apprendimento per rinforzo. Le decisioni in tempo reale implicano l'elaborazione dei dati dei sensori, la previsione dei risultati e la selezione delle azioni che raggiungono gli obiettivi desiderati.

2. Tecniche di problem-solving: i sistemi autonomi utilizzano tecniche di problem-solving per affrontare le sfide e raggiungere gli obiettivi. Tecniche come algoritmi di pianificazione, metodi di ottimizzazione e ricerca euristica vengono impiegate per risolvere problemi complessi. Ad esempio, l'algoritmo di pianificazione del percorso di un

veicolo autonomo determina il percorso ottimale per navigare in uno scenario di traffico evitando gli ostacoli.

3. Controllo adattivo: le tecniche di controllo adattivo consentono ai sistemi autonomi di adattare il loro comportamento in base al feedback e alle condizioni mutevoli. Queste tecniche coinvolgono

modificando i parametri di controllo e le strategie per migliorare le prestazioni del sistema. Ad esempio, il controllo adattivo nella robotica consente ai robot di adattare i propri movimenti in base alle variazioni nell'ambiente o ai requisiti del compito.

Il futuro dell'autonomia e del comportamento dell'intelligenza artificiale in ambienti complessi

1. Autonomia migliorata: il futuro dell'autonomia implica l'avanzamento di algoritmi e tecnologie di intelligenza artificiale per gestire ambienti e attività sempre più complessi. Ciò include il miglioramento della capacità dei sistemi autonomi di operare in condizioni imprevedibili, come condizioni meteorologiche estreme o contesti urbani dinamici. L'autonomia migliorata consentirà applicazioni più sofisticate, come la mobilità aerea urbana autonoma e missioni avanzate di ricerca e soccorso.

2. Collaborazione uomo-IA: gli sviluppi futuri nel comportamento dell'IA si concentreranno sul miglioramento della collaborazione tra esseri umani e sistemi autonomi. Ciò include il miglioramento della comunicazione, del coordinamento e della fiducia tra operatori umani e sistemi di IA. La collaborazione uomo-IA sarà fondamentale per le applicazioni in cui i sistemi autonomi lavorano insieme a team

umani, come nell'assistenza sanitaria, nella risposta ai disastri e nell'automazione industriale.

3. Considerazioni etiche e normative: il progresso dei sistemi autonomi richiederà di affrontare considerazioni etiche e normative. Ciò include garantire sicurezza, responsabilità e trasparenza nel comportamento dell'IA. Lo sviluppo di standard e normative per i sistemi autonomi sarà essenziale per gestire i rischi e promuovere un uso responsabile della tecnologia.

ETICA DEI MODELLI COMPORTAMENTALI DELL'INTELLIGENZA ARTIFICIALE

Man mano che i sistemi di IA diventano più integrati nella società, le considerazioni etiche che circondano il comportamento dell'IA diventano sempre più importanti. Questa sezione esplora le implicazioni morali dei comportamenti guidati dall'IA, la responsabilità per le azioni dell'IA e la necessità di trasparenza e fiducia nei sistemi di IA.

Le implicazioni morali dei comportamenti guidati dall'intelligenza artificiale

1. Decisioni etiche: i sistemi di intelligenza artificiale che prendono decisioni che hanno un impatto sugli individui o sulla società devono aderire a principi etici. Ciò include garantire che le decisioni siano eque, imparziali e rispettino i diritti umani. Ad esempio, i sistemi di intelligenza artificiale utilizzati nella giustizia penale devono evitare di rafforzare i pregiudizi esistenti e garantire che le loro decisioni non comportino un trattamento ingiusto degli individui.

2. Privacy e sicurezza: i comportamenti dell'IA che implicano l'elaborazione di dati personali devono affrontare le preoccupazioni relative a privacy e sicurezza. Garantire che i sistemi di IA proteggano le informazioni sensibili e rispettino le normative sulla protezione dei dati è fondamentale per mantenere la fiducia del pubblico. Ciò include l'implementazione di misure di sicurezza robuste e la trasparenza sull'utilizzo dei dati.

3. Responsabilità per i risultati: le implicazioni morali dei comportamenti guidati dall'IA implicano anche l'affrontare la responsabilità per i risultati delle decisioni dell'IA. Ciò include determinare chi è responsabile quando i sistemi di IA causano danni o commettono errori. Stabilire quadri di responsabilità e meccanismi chiari per affrontare i problemi è essenziale per un'implementazione etica dell'IA.

Responsabilità dell'IA: chi è responsabile delle azioni dell'IA?

1. Definizione di responsabilità: la responsabilità per le azioni di IA implica l'identificazione degli individui o delle entità responsabili della progettazione, dello sviluppo e dell'implementazione dei sistemi di IA. Ciò include la garanzia che i sistemi di IA funzionino come previsto e la risoluzione di eventuali problemi che si presentano. I quadri di responsabilità dovrebbero delineare ruoli e responsabilità, inclusi quelli di sviluppatori, operatori e organizzazioni.

2. Quadri normativi e legali: i quadri normativi e legali sono essenziali per stabilire la responsabilità per le azioni di IA. Ciò include lo sviluppo di leggi e regolamenti che affrontino responsabilità, sicurezza e considerazioni etiche. Ad esempio, i regolamenti possono richiedere alle organizzazioni di condurre valutazioni di impatto e garantire che i sistemi di IA siano conformi agli standard di sicurezza.

3. Supervisione etica: la supervisione etica implica l'istituzione di meccanismi per valutare e affrontare le preoccupazioni etiche relative al comportamento dell'IA. Ciò include la formazione di comitati etici, la conduzione di audit regolari e il coinvolgimento di diverse parti interessate nei processi

decisionali. La supervisione etica garantisce che i sistemi di IA siano allineati con i valori e i principi della società.

Garantire trasparenza e fiducia nei sistemi di intelligenza artificiale

1. Trasparenza nel processo decisionale dell'IA: la trasparenza implica la fornitura di spiegazioni chiare su come i sistemi di IA prendono decisioni e come elaborano i dati. Ciò include la divulgazione di informazioni su algoritmi, fonti di dati e processi decisionali. La trasparenza aiuta a creare fiducia e consente agli utenti di comprendere e contestare le decisioni dell'IA.

2. Spiegabilità: la spiegabilità si riferisce alla capacità dei sistemi di intelligenza artificiale di fornire spiegazioni comprensibili per le proprie decisioni e azioni. Tecniche come l'interpretabilità del modello e la generazione di spiegazioni vengono utilizzate per migliorare la spiegabilità. Ad esempio, fornire informazioni su come un sistema di raccomandazione arriva a un suggerimento specifico può migliorare la fiducia dell'utente.

3. Coinvolgimento pubblico: coinvolgere il pubblico nelle discussioni sul comportamento e l'etica dell'IA è fondamentale per promuovere la fiducia e affrontare le preoccupazioni. Ciò include il coinvolgimento delle parti interessate nel processo di sviluppo, la conduzione di consultazioni pubbliche e la fornitura di risorse educative sulla tecnologia dell'IA e le sue implicazioni.

L'INTELLIGENZA ARTIFICIALE E IL FUTURO DELL'INTERAZIONE UOMO-INTELLIGENZA ARTIFICIALE

Man mano che la tecnologia AI continua a evolversi, la relazione tra esseri umani e sistemi AI subirà cambiamenti significativi. Questa sezione esplora le previsioni per la prossima ondata di comportamenti AI, la relazione in evoluzione tra esseri umani e AI e i passaggi necessari per preparare la società al ruolo crescente dell'AI.

Previsioni per la prossima ondata di comportamenti dell'intelligenza artificiale

1. Personalizzazione avanzata: i futuri sistemi di intelligenza artificiale mostreranno capacità di personalizzazione avanzate, adattando esperienze e interazioni in base alle preferenze e ai comportamenti individuali. Ciò include la fornitura di raccomandazioni più pertinenti, contenuti personalizzati e interfacce adattive che rispondono alle esigenze degli utenti.

2. Collaborazione avanzata uomo-IA: la prossima ondata di comportamenti di IA coinvolgerà forme più avanzate di collaborazione uomo-IA. Ciò include lo sviluppo di sistemi di IA che funzionano senza soluzione di continuità con team umani, migliorando la produttività e il processo decisionale. Esempi includono robot collaborativi nella produzione e strumenti creativi assistiti dall'IA.

3. Intelligenza emotiva: i sistemi di intelligenza artificiale mostreranno sempre più intelligenza emotiva, consentendo loro di riconoscere e

rispondere alle emozioni umane. Ciò include lo sviluppo di interazioni empatiche e la fornitura di supporto in aree quali la salute mentale e il servizio clienti.

L'evoluzione della relazione tra esseri umani e intelligenza artificiale

1. Integrazione nella vita quotidiana: i sistemi di intelligenza artificiale diventeranno più integrati nella vita quotidiana, influenzando vari aspetti come lavoro, istruzione e intrattenimento. Questa integrazione richiederà l'adattamento a nuove interazioni e la comprensione dell'impatto dell'intelligenza artificiale sugli ambienti personali e professionali.

2. Collaborazione uomo-IA nel processo decisionale: la collaborazione tra uomo e IA nel processo decisionale diventerà più diffusa. Ciò include l'uso dell'IA per supportare decisioni complesse, migliorare la risoluzione dei problemi e fornire approfondimenti in settori quali sanità, finanza e governance.

3. Affrontare gli impatti sociali: prepararsi al ruolo crescente dell'IA implica affrontare gli impatti sociali, come i cambiamenti nell'occupazione, nell'istruzione e nelle dinamiche sociali. Ciò include lo sviluppo di strategie per gestire le transizioni e garantire che i benefici dell'IA siano distribuiti equamente.

Preparare la società al ruolo crescente dell'intelligenza artificiale nella vita quotidiana

1. Istruzione e formazione: fornire istruzione e formazione sulla tecnologia AI è essenziale per preparare la società al suo ruolo crescente. Ciò include lo sviluppo di programmi di studio che coprano i fondamenti dell'AI, considerazioni etiche e pratiche applicazioni. L'istruzione aiuterà gli individui a comprendere e gestire l'impatto dell'IA sulle loro vite e carriere.

2. Politica e regolamentazione: sviluppare politiche e normative che affrontino l'impatto dell'IA è fondamentale per garantire un'implementazione responsabile ed etica. Ciò include la creazione di quadri per la privacy dei dati, la responsabilità algoritmica e la sicurezza pubblica. I decisori politici dovrebbero collaborare con esperti e stakeholder per sviluppare normative efficaci ed equilibrate.

3. Consapevolezza pubblica: aumentare la consapevolezza pubblica sulla tecnologia AI e le sue implicazioni è importante per promuovere discussioni e processi decisionali informati. Campagne di sensibilizzazione pubblica, sensibilizzazione della comunità e iniziative di trasparenza possono aiutare gli individui a comprendere i vantaggi e i rischi dell'AI.

CONCLUSIONE

Mentre concludiamo la nostra esplorazione del mondo dei modelli comportamentali dell'IA, diventa evidente che comprendere questi modelli non è solo un esercizio accademico, ma una componente fondamentale per sfruttare efficacemente l'IA nell'imprenditoria. In questo libro, abbiamo approfondito il modo in cui l'IA si comporta, impara e si adatta, e come questi comportamenti possono essere sfruttati per guidare l'innovazione e il successo nel business. Abbiamo iniziato esaminando i principi fondamentali dell'IA, evidenziando il suo potenziale di trasformare i settori analizzando i dati, facendo previsioni e automatizzando attività complesse. I modelli comportamentali dell'IA, dal riconoscimento dei modelli all'apprendimento adattivo, ci hanno mostrato che l'IA non è solo uno strumento, ma un sistema dinamico in grado di evolversi e migliorare nel tempo. Nell'esplorare casi di studio e applicazioni specifici, abbiamo visto come le aziende di tutte le dimensioni stanno applicando l'IA per ottenere un vantaggio competitivo. Che si tratti di analisi predittive, esperienze personalizzate dei clienti o efficienze operative, la capacità dell'IA di riconoscere e rispondere ai modelli si è dimostrata inestimabile. Tuttavia, è fondamentale riconoscere che da un grande potere derivano grandi responsabilità. Le considerazioni etiche e i potenziali pregiudizi inerenti ai sistemi di IA devono essere affrontati per garantire che l'IA venga utilizzata in un modo che avvantaggi tutti gli stakeholder. Come imprenditori, dobbiamo essere vigili nel progettare e distribuire soluzioni di IA che siano eque, trasparenti e allineate con i nostri valori.

www.ingramcontent.com/pod-product-compliance
Lightning Source LLC
Chambersburg PA
CBHW070210230526
45471CB00002B/903